Muthu Dineshkumar Ramaswamy
Mukilarasan Nedunchezhiyan

Análise do desempenho do éster metílico de óleo de semente de algodão em motores diesel

Muthu Dineshkumar Ramaswamy
Mukilarasan Nedunchezhiyan

Análise do desempenho do éster metílico de óleo de semente de algodão em motores diesel

Combustíveis alternativos

ScienciaScripts

Imprint

Any brand names and product names mentioned in this book are subject to trademark, brand or patent protection and are trademarks or registered trademarks of their respective holders. The use of brand names, product names, common names, trade names, product descriptions etc. even without a particular marking in this work is in no way to be construed to mean that such names may be regarded as unrestricted in respect of trademark and brand protection legislation and could thus be used by anyone.

Cover image: www.ingimage.com

This book is a translation from the original published under ISBN 978-620-8-06520-1.

Publisher:
Sciencia Scripts
is a trademark of
Dodo Books Indian Ocean Ltd. and OmniScriptum S.R.L publishing group

120 High Road, East Finchley, London, N2 9ED, United Kingdom
Str. Armeneasca 28/1, office 1, Chisinau MD-2012, Republic of Moldova, Europe
Printed at: see last page
ISBN: 978-620-3-66600-7

CAPÍTULO 1

INTRODUÇÃO

A procura de combustíveis alternativos no sector automóvel ganhou ímpeto em resposta aos desafios duplos do esgotamento das reservas de combustíveis fósseis e do aumento da poluição ambiental. Entre as várias alternativas, o biodiesel derivado de fontes renováveis surgiu como um candidato promissor devido ao seu potencial para reduzir as emissões de gases com efeito de estufa e a dependência do petróleo. O óleo de semente de algodão, um subproduto da indústria do algodão, apresenta uma opção particularmente intrigante para a produção de biodiesel. Esta introdução examina as caraterísticas de combustão, desempenho e emissões de um motor diesel monocilíndrico de injeção direta (DI) quando abastecido com várias proporções de éster metílico de óleo de semente de algodão (CSOME) misturado com combustível diesel convencional.

Caraterísticas de combustão

A combustão é um fator crítico que determina a eficiência e o impacto ambiental dos motores diesel. As caraterísticas de combustão de uma mistura de combustível são influenciadas pela sua composição química, incluindo factores como o índice de cetano, a densidade e a viscosidade. O éster metílico de óleo de semente de algodão (CSOME) é um biodiesel produzido através da transesterificação do óleo de semente de algodão com metanol. Este processo converte os triglicéridos presentes no óleo em ésteres metílicos de ácidos gordos (FAME) e glicerol. O biodiesel resultante tem um índice de cetano mais elevado do que o gasóleo tradicional, o que geralmente promove uma combustão mais completa e reduz o atraso na ignição.

Num motor diesel monocilíndrico DI, a presença de CSOME na mistura de combustível afecta o processo de combustão de várias formas. O teor mais elevado de oxigénio no biodiesel pode levar a uma melhor eficiência da combustão, facilitando uma oxidação mais completa do combustível. No entanto, a maior viscosidade do biodiesel em comparação com o gasóleo pode influenciar a atomização do combustível e as caraterísticas de pulverização, levando potencialmente a uma alteração da dinâmica da combustão. Estudos experimentais mostram frequentemente que, à medida que a proporção de CSOME na mistura de combustível aumenta, a duração da combustão tende

1

a prolongar-se devido à taxa de combustão mais lenta do biodiesel em comparação com o gasóleo.

Análise de desempenho

As métricas de desempenho de um motor diesel que utiliza misturas de biodiesel, tais como a eficiência térmica do travão (BTE), o consumo de combustível específico do travão (BSFC) e a potência, são cruciais para avaliar a viabilidade dos combustíveis alternativos. O BTE é uma medida da eficácia com que o motor converte a energia do combustível em energia mecânica, enquanto o BSFC indica a quantidade de combustível necessária para produzir uma unidade de potência. A potência de saída do motor, que afecta diretamente o seu desempenho em aplicações práticas, é também um parâmetro essencial.

A mistura de CSOME com gasóleo pode influenciar estes parâmetros de desempenho de várias formas. Normalmente, as misturas de biodiesel apresentam uma diminuição marginal do BTE em comparação com o gasóleo puro devido ao menor teor energético do biodiesel. Esta redução na eficiência é frequentemente compensada pelas caraterísticas de combustão melhoradas do biodiesel, que podem levar a um funcionamento mais estável do motor. O BSFC aumenta geralmente com proporções mais elevadas de biodiesel, uma vez que o biodiesel tem um poder calorífico inferior ao do gasóleo, necessitando de mais combustível para produzir a mesma quantidade de potência. O impacto na potência pode variar consoante a concentração de CSOME e as condições de funcionamento do motor.

Análise das emissões

A análise das emissões é essencial para avaliar o impacto ambiental da utilização de misturas de biodiesel em motores diesel. As principais emissões preocupantes incluem os óxidos de azoto (NOx), o monóxido de carbono (CO), as partículas (PM) e os hidrocarbonetos não queimados (HC). A composição da mistura de combustível influencia a formação destas emissões durante a combustão.

Sabe-se que o biodiesel reduz as emissões de partículas e de hidrocarbonetos não queimados devido ao seu teor mais elevado de oxigénio e às suas propriedades de combustão mais limpa. No entanto, o efeito sobre as emissões de NOx é mais complexo.

Embora a combustão do biodiesel produza geralmente menores quantidades de CO e PM, pode levar a um aumento das emissões de NOx. Este aumento é atribuído à temperatura de combustão mais elevada associada ao índice de cetano mais elevado do biodiesel e à sua tendência para produzir mais calor durante a combustão. O impacto nas emissões de NOx pode ser atenuado através de ajustamentos da calibração do motor ou da utilização de tecnologias de pós-tratamento dos gases de escape.

As caraterísticas das emissões de um motor diesel monocilíndrico alimentado com várias proporções de CSOME misturado com gasóleo dependem de vários factores, incluindo as condições de funcionamento do motor, as proporções específicas da mistura e as caraterísticas de combustão do combustível. Os estudos experimentais revelam frequentemente que as misturas mais baixas de CSOME tendem a produzir menos emissões do que as misturas mais elevadas, equilibrando os compromissos entre a redução das emissões de partículas e o aumento da produção de NOx.

Resumo

A introdução do éster metílico de óleo de semente de algodão (CSOME) nos motores diesel representa um passo significativo para a utilização de fontes de energia renováveis e para a redução do impacto ambiental dos veículos movidos a diesel. Compreender as caraterísticas de combustão, desempenho e emissões destas misturas de biodiesel é crucial para otimizar o funcionamento do motor e atingir os objectivos de sustentabilidade. Embora o CSOME ofereça várias vantagens, incluindo a melhoria da eficiência da combustão e a redução das emissões de partículas, também apresenta desafios como o aumento das emissões de NOx e alterações no desempenho do combustível. Os esforços contínuos de investigação e desenvolvimento são essenciais para enfrentar estes desafios e aumentar a viabilidade global do biodiesel como uma alternativa viável ao gasóleo convencional.

O rápido esgotamento das fontes de energia convencionais, juntamente com o aumento da procura de energia, é motivo de grande preocupação. Mais de 90% da procura atual de energia está a ser satisfeita com combustíveis fósseis, principalmente produtos petrolíferos. Por conseguinte, existe, em certa medida, uma crise energética.

O facto de os combustíveis derivados do petróleo não estarem disponíveis em quantidades suficientes nem a preços razoáveis no futuro reavivou o interesse na exploração de combustíveis alternativos para motores diesel. É essencial que estes combustíveis alternativos para motores sejam derivados de fontes indígenas e, de preferência, de fontes de energia renováveis.

Desde as primeiras crises petrolíferas da década de 1970, têm sido investigados vários combustíveis alternativos com o objetivo de substituir os fornecimentos convencionais de petróleo. O interesse inicial prendia-se sobretudo com a segurança do abastecimento de combustível, mas recentemente tem-se dado mais atenção à utilização de combustíveis renováveis, a fim de reduzir a produção líquida de CO_2 a partir de fontes de combustão.

O metanol e o etanol são dois combustíveis alternativos aceites que possuem o potencial de serem produzidos a partir de fontes de biomassa. Nenhum destes combustíveis é adequado para utilização em motores diesel, sendo comum a utilização de elevadas taxas de compressão, melhorias na ignição e dispositivos de assistência à ignição. Um tipo de combustível adequado para utilização em motores diesel é o dos óleos vegetais em combinação com álcoois em motores diesel com um desempenho aceitável.

1.1 IMPORTÂNCIA DOS COMBUSTÍVEIS ALTERNATIVOS

> ➢ Escassez de combustível
> ➢ Reduzir as emissões poluentes
> ➢ O nosso país está a ficar dependente da importação de petróleo estrangeiro
> ➢ Custo elevado dos combustíveis convencionais
> ➢ As propriedades do óleo vegetal são semelhantes às do gasóleo

1.2 ÓLEO VEGETAL

Os óleos vegetais de culturas como a soja, o amendoim, o girassol, a colza, o coco, a karanja, o neem, o algodão, a jatropha, a linhaça e o rícino foram avaliados em muitas partes do mundo, que não dispõem de reservas de petróleo, como combustíveis para motores de ignição por compressão. Os resultados mostram que, devido à estrutura de hidrocarbonetos de cadeia longa, os óleos vegetais têm boas caraterísticas de ignição, mas causam sérios problemas como a acumulação de depósitos de carbono, têm pouca durabilidade e também pouca eficiência térmica. Por meio da esterificação, podem ser convertidos nos seus ésteres metílicos, o que resulta numa viscosidade mais baixa e, consequentemente, em melhores caraterísticas de combustão.

A procura de combustíveis alternativos tem sido impulsionada pela necessidade de abordar as preocupações ambientais, reduzir a dependência dos combustíveis fósseis e promover fontes de energia sustentáveis. O óleo vegetal, um recurso renovável derivado de culturas como a soja, a colza, o girassol e a semente de algodão, surgiu como um combustível alternativo promissor para os motores a gasóleo. Esta exploração investiga a utilização do óleo vegetal como combustível alternativo, examinando os seus benefícios, desafios e o estado atual da investigação e desenvolvimento nesta área.

Contexto histórico e desenvolvimento

O conceito de utilização de óleo vegetal como combustível remonta ao final do século XIX. Rudolf Diesel, o inventor do motor diesel, concebeu inicialmente o seu motor para funcionar com óleo de amendoim, realçando o seu potencial como combustível renovável e amigo do ambiente. No entanto, a adoção generalizada de combustíveis à base de petróleo e os avanços na tecnologia dos motores ofuscaram esta visão inicial. Nas últimas décadas, o ressurgimento do interesse pelas fontes de energia renováveis reavivou a exploração do óleo vegetal como uma alternativa viável aos combustíveis fósseis convencionais.

Propriedades químicas e caraterísticas dos combustíveis

Os óleos vegetais, principalmente os triglicéridos, possuem propriedades químicas únicas que influenciam o seu desempenho como combustíveis. Estes óleos têm uma viscosidade e densidade elevadas em comparação com o gasóleo convencional, o que pode afetar a atomização do combustível e a eficiência da combustão. Para responder a estes desafios, os óleos vegetais são frequentemente transformados em biodiesel através da transesterificação. Esta reação química converte triglicéridos em ésteres metílicos de ácidos gordos (FAMEs) e glicerol, resultando num combustível com propriedades mais semelhantes às do gasóleo, tais como menor viscosidade e melhores caraterísticas de combustão.

Combustão e desempenho em motores diesel

As caraterísticas de combustão dos óleos vegetais e dos seus derivados de biodiesel desempenham um papel fundamental na determinação da sua eficácia como combustíveis alternativos. Quando utilizados diretamente em motores diesel, os óleos vegetais não modificados podem causar problemas como uma atomização deficiente, combustão incompleta e aumento dos depósitos de carbono. No entanto, quando convertidos em biodiesel, estes problemas são largamente atenuados. O biodiesel produzido a partir de óleos vegetais apresenta geralmente um índice de cetano mais elevado, o que leva a atrasos de ignição mais curtos e a uma melhor eficiência de combustão.

Em termos de desempenho, o biodiesel derivado de óleos vegetais tende a ter um teor energético ligeiramente inferior ao do gasóleo convencional. Isto pode resultar numa redução modesta da eficiência térmica da travagem e num aumento do consumo de combustível específico da travagem. Contudo, estas alterações são frequentemente compensadas pelos benefícios da redução das emissões de partículas e de monóxido de carbono. O impacto na potência e no binário do motor é normalmente mínimo, embora o desempenho possa variar consoante o tipo específico de óleo vegetal e as condições de funcionamento do motor.

Impacto ambiental e emissões

Uma das principais motivações para a utilização de combustíveis à base de óleos vegetais é o seu potencial para reduzir o impacto ambiental dos motores diesel. O biodiesel produzido a partir de óleos vegetais produz geralmente níveis mais baixos de partículas e monóxido de carbono do que o gasóleo derivado do petróleo. Isto deve-se ao maior teor de oxigénio no biodiesel, que promove uma combustão mais completa e reduz a formação de fuligem e de hidrocarbonetos não queimados.

No entanto, o efeito dos combustíveis à base de óleos vegetais nas emissões de óxidos de azoto (NOx) é mais complexo. O índice de cetano mais elevado do biodiesel pode levar a um aumento das temperaturas de combustão, o que pode resultar em emissões de NOx mais elevadas. Este compromisso entre a redução das emissões de partículas e o aumento da produção de NOx é uma área de investigação ativa. Estão a ser exploradas estratégias como modificações do motor, aditivos de combustível e tecnologias avançadas de pós-tratamento dos gases de escape para enfrentar estes desafios e otimizar os benefícios ambientais dos combustíveis à base de óleos vegetais.

Considerações económicas e práticas

A viabilidade económica dos combustíveis à base de óleos vegetais é influenciada por vários factores, incluindo os custos da matéria-prima, o processamento do combustível e a compatibilidade com o motor. Os óleos vegetais são frequentemente mais caros do que o gasóleo de petróleo, e o custo de conversão destes óleos em biodiesel pode aumentar a despesa global. No entanto, os incentivos governamentais, subsídios e créditos fiscais para combustíveis renováveis podem ajudar a compensar estes custos e tornar os combustíveis à base de óleo vegetal mais competitivos.

De um ponto de vista prático, a utilização de óleos vegetais em motores diesel requer a consideração de modificações e manutenção do motor. A utilização direta de óleos vegetais não transformados pode exigir ajustamentos nos sistemas de injeção de combustível, nos filtros e nas tubagens de combustível para acomodar a viscosidade mais elevada e o potencial de gelificação a baixas temperaturas. Em contrapartida, o biodiesel, que é quimicamente semelhante ao combustível para motores diesel, pode ser utilizado nos motores diesel existentes com modificações mínimas, embora possa ainda exigir uma manutenção periódica para gerir questões como a limpeza do sistema de combustível e a formação de depósitos.

Investigação e desenvolvimento

Os esforços de investigação e desenvolvimento em curso centram-se na melhoria do desempenho, da eficiência e dos benefícios ambientais dos combustíveis à base de óleos vegetais. Os avanços nas tecnologias de cultivo, extração de óleo e produção de biodiesel estão a contribuir para soluções mais sustentáveis e rentáveis. Os investigadores estão a explorar novas matérias-primas, como as algas e os óleos alimentares usados, que oferecem o potencial para maiores rendimentos e menor impacto ambiental.

Além disso, estão a ser investigadas inovações na tecnologia dos motores e nas formulações dos combustíveis para aumentar a compatibilidade dos combustíveis à base de óleos vegetais com os motores diesel modernos. Isto inclui o desenvolvimento de sistemas de duplo combustível, que permitem a utilização de combustíveis à base de óleos vegetais em conjunto com o gasóleo convencional, proporcionando flexibilidade e reduzindo a necessidade de modificações extensivas no motor.

Resumo

Os combustíveis à base de óleos vegetais representam uma via promissora para reduzir a dependência dos combustíveis fósseis e atenuar o impacto ambiental dos motores diesel. Com o seu potencial para reduzir as emissões de partículas e de monóxido de carbono, os óleos vegetais e os seus derivados de biodiesel oferecem benefícios significativos em termos de sustentabilidade e de qualidade do ar. No entanto, é necessário enfrentar os desafios relacionados com o custo do combustível, a compatibilidade do motor e o controlo das emissões para realizar plenamente o seu potencial.

À medida que a investigação e o desenvolvimento continuam a avançar, é provável que a utilização de óleos vegetais como combustíveis alternativos se torne cada vez mais viável. Os esforços contínuos para melhorar as tecnologias de processamento de combustíveis, aumentar o desempenho dos motores e otimizar os benefícios ambientais desempenharão um papel crucial na determinação do futuro dos combustíveis à base de óleos vegetais no panorama energético global.

1.3 CARACTERÍSTICAS DE UM COMBUSTÍVEL ALTERNATIVO

1. Disponibilidade.
2. Melhor desempenho
3. Conformidade com as normas ambientais
4. Baixo custo
5. Segurança

O Departamento de Energia (DOE) da Índia reconhece atualmente os seguintes combustíveis alternativos: metanol e etanol desnaturado como combustíveis alcoólicos, gás natural, hidrogénio, combustíveis líquidos derivados do carvão, combustíveis derivados de materiais biológicos.

1.4 DESAFIOS

Os principais desafios que se colocam à utilização de óleo vegetal como combustível para motores de combustão interna são os seguintes:

> ➢ O preço do óleo vegetal depende do preço das matérias-primas
> ➢ A homogeneidade, a consistência e a fiabilidade dos alimentos para animais são questionáveis
> ➢ A homogeneidade do produto depende do fornecedor, das matérias-primas e dos métodos de produção
> ➢ O armazenamento e o manuseamento são difíceis (especialmente a estabilidade no armazenamento a longo prazo)
> ➢ O ponto de inflamação em misturas não é fiável
> ➢ A compatibilidade com o material do motor I.C. precisa de ser estudada mais aprofundadamente
> ➢ O funcionamento do motor em tempo frio não é fácil com óleos vegetais
> ➢ A aceitação pelos fabricantes de motores é outra grande dificuldade
> ➢ É necessário assegurar a disponibilidade contínua dos óleos vegetais antes de iniciar a sua utilização em motores de ignição por compressão .

Eis os principais desafios que se colocam à utilização de óleo vegetal como combustível para motores de combustão interna (I.C.):

- **Alta viscosidade:**
  - o Os óleos vegetais têm uma viscosidade mais elevada do que o gasóleo convencional, o que leva a uma atomização deficiente, a uma combustão incompleta e à potencial formação de depósitos no motor.
- **Desempenho em tempo frio:**
  - o Os óleos vegetais tendem a gelificar a temperaturas mais baixas, o que pode causar entupimentos nos tubos de combustível e dificuldades de arranque em tempo frio.
- **Depósitos de motores:**

- o   A utilização direta de óleos vegetais pode resultar em depósitos de carbono e entupimento dos injectores, afectando o desempenho do motor e exigindo uma manutenção mais frequente.
- **Densidade energética mais baixa:**
  - o   Os óleos vegetais e o biodiesel têm normalmente um poder calorífico inferior ao do gasóleo, o que pode levar a uma redução da potência e a um aumento do consumo de combustível.
- **Problemas de compatibilidade:**
  - o   Os óleos vegetais não transformados podem não ser compatíveis com os sistemas de combustível dos motores existentes, necessitando de modificações nas bombas de combustível, injectores e tubagens.
- **Compensações de emissões:**
  - o   Embora os óleos vegetais possam reduzir as emissões de partículas e de monóxido de carbono, podem aumentar as emissões de óxidos de azoto (NOx) devido às temperaturas de combustão mais elevadas.
- **Custos de processamento de combustível:**
  - o   O custo da conversão de óleos vegetais em biodiesel através da transesterificação aumenta o custo total do combustível, tornando-o menos competitivo em relação ao gasóleo de petróleo.
- **Disponibilidade de matérias-primas:**
  - o   A disponibilidade e o custo das matérias-primas para óleos vegetais podem flutuar com base nas condições agrícolas e na procura do mercado, afectando a estabilidade e a acessibilidade do biodiesel.
- **Impacto ambiental do cultivo:**
  - o   O cultivo em grande escala de culturas para a produção de óleo vegetal pode levar a alterações na utilização dos solos, à desflorestação e à perda de biodiversidade, anulando alguns dos benefícios ambientais.
- **Durabilidade do motor:**
  - o   A utilização prolongada de óleos vegetais ou biodiesel pode afetar potencialmente a longevidade e a fiabilidade do motor, exigindo manutenção e monitorização regulares.
- **Infraestrutura e armazenamento:**

o   A infraestrutura de manuseamento, armazenamento e distribuição de combustíveis à base de óleos vegetais pode estar menos desenvolvida do que a do gasóleo convencional, o que coloca desafios logísticos.

A resposta a estes desafios implica investigação contínua, avanços tecnológicos e uma gestão cuidadosa para garantir a utilização prática e sustentável de combustíveis à base de óleos vegetais em motores de combustão interna

1.5 PROBLEMAS ASSOCIADOS AOS ÓLEOS VEGETAIS

Os problemas associados aos óleos vegetais são
  - Má atomização e combustão
  - Formação de goma e carbono nos componentes do motor
  - Contaminação do óleo lubrificante
  - Ponto de inflamação mais elevado, o que resulta num problema de arranque a frio que exige o pré-aquecimento do óleo.

Algumas das técnicas adoptadas no desenvolvimento de derivados de óleos vegetais que aproximam as propriedades e o desempenho e os tornam compatíveis com os combustíveis diesel podem ser feitas através de
  - Transesterificação
  - Pré-aquecimento
  - Microemulsão
  - Diluição
  - Fumigação

A utilização de óleo vegetal como combustível para motores de combustão interna (I.C.) apresenta uma série de desafios que afectam a sua eficiência, desempenho e viabilidade como alternativa aos combustíveis fósseis convencionais. Apesar da sua promessa como combustível renovável e menos prejudicial para o ambiente, é necessário resolver vários problemas significativos para tornar o óleo vegetal uma opção prática e eficaz para uma utilização generalizada.

Alta Viscosidade e Atomização de Combustível

Um dos principais desafios da utilização de óleo vegetal como combustível é a sua elevada viscosidade em comparação com o gasóleo convencional. Os óleos vegetais, sendo triglicéridos, possuem uma consistência mais espessa que pode prejudicar a atomização do combustível, um processo crítico nos motores a gasóleo. Uma atomização correta garante que o combustível é finamente disperso na câmara de combustão, o que é essencial para conseguir uma combustão completa. Uma viscosidade elevada leva a gotículas de combustível maiores, o que pode causar uma combustão incompleta, reduzir a eficiência do motor e aumentar as emissões. Este problema pode resultar na acumulação de depósitos de carbono nos bicos injectores e na câmara de combustão, o que acaba por afetar o desempenho e a longevidade do motor.

Desempenho em tempo frio

Os óleos vegetais apresentam um fraco desempenho em tempo frio devido à sua tendência para gelificar ou solidificar a temperaturas mais baixas. Esta gelificação pode levar a bloqueios nos tubos de combustível, filtros e injectores, dificultando o arranque e o funcionamento do motor em condições de frio. O problema do desempenho em tempo frio é particularmente acentuado em regiões com invernos rigorosos, onde as propriedades físicas do combustível se tornam um obstáculo significativo à sua utilização prática. Para atenuar este problema, podem ser utilizados aditivos ou misturas com gasóleo convencional, mas estas soluções podem aumentar o custo e a complexidade da utilização do óleo vegetal como combustível.

Depósitos e manutenção de motores

A utilização direta de óleo vegetal não transformado em motores diesel pode resultar na formação de depósitos de carbono na câmara de combustão e nos componentes do motor. Estes depósitos são um subproduto da combustão incompleta e podem levar ao entupimento dos injectores de combustível e dos filtros. Com o tempo, a acumulação de depósitos pode afetar negativamente a eficiência do motor, reduzir a potência e aumentar os requisitos de manutenção. A necessidade de limpeza e manutenção regulares para tratar estes depósitos aumenta os custos operacionais e pode dissuadir os utilizadores de adoptarem o óleo vegetal como combustível.

Menor densidade energética

Os óleos vegetais e os seus derivados de biodiesel têm geralmente uma densidade energética inferior à do gasóleo convencional. Este menor poder calorífico significa que é necessário mais combustível para produzir a mesma quantidade de energia, o que leva a um maior consumo de combustível para o mesmo nível de desempenho. Consequentemente, os motores que funcionam com óleo vegetal ou biodiesel podem registar uma redução da potência e da eficiência do combustível. Este compromisso pode ser uma desvantagem significativa, particularmente em aplicações em que a alta potência e a eficiência do combustível são críticas.

Problemas de compatibilidade

As propriedades químicas dos óleos vegetais podem causar problemas de compatibilidade com os sistemas de combustível dos motores existentes. Os óleos vegetais podem reagir com certos materiais utilizados nos sistemas de combustível, como vedantes e juntas de borracha, levando à degradação e a fugas. Além disso, a maior viscosidade dos óleos vegetais exige modificações na bomba de combustível e no sistema de injeção para lidar com o combustível mais espesso. Em muitos casos, estas modificações podem ser dispendiosas e podem não ser práticas para todos os tipos de motores. O biodiesel, produzido a partir de óleos vegetais através da transesterificação, é frequentemente mais compatível com os motores a gasóleo existentes, mas continua a exigir alguns ajustamentos e uma manutenção regular.

Compensações de emissões

Embora os óleos vegetais e o biodiesel produzam geralmente emissões mais baixas de partículas e monóxido de carbono, podem levar a um aumento das emissões de óxidos de azoto (NOx). O índice de cetano mais elevado do biodiesel, que promove uma combustão mais eficiente, também resulta em temperaturas de combustão mais elevadas. Estas temperaturas elevadas podem levar a uma maior formação de NOx, o que constitui uma preocupação para a qualidade do ar e para a conformidade regulamentar. Equilibrar a redução das emissões de partículas com o aumento das emissões de NOx constitui um desafio, sendo necessárias estratégias como ajustes na calibração do motor e tecnologias avançadas de pós-tratamento dos gases de escape para resolver esta questão.

Custos de processamento de combustível

O processo de conversão de óleo vegetal em biodiesel envolve a transesterificação, o que aumenta o custo global do combustível. Esta reação química transforma os triglicéridos em ésteres metílicos de ácidos gordos (FAMEs) e glicerol, produzindo um combustível com propriedades mais próximas das do gasóleo. No entanto, o custo do processamento, incluindo matérias-primas, catalisadores e mão de obra, pode tornar o biodiesel mais caro do que o gasóleo convencional. A viabilidade económica do óleo vegetal como combustível é influenciada por estes custos de processamento, bem como pelas flutuações dos preços das matérias-primas e das condições de mercado.

Disponibilidade e sustentabilidade das matérias-primas

A disponibilidade e o custo das matérias-primas para óleos vegetais estão sujeitos a flutuações com base nas condições agrícolas, na procura do mercado e na concorrência com outras utilizações, como a produção de alimentos. O cultivo em grande escala de culturas para a produção de óleo vegetal também pode ter impactos ambientais, como a desflorestação, as alterações do uso do solo e a perda de biodiversidade. A sustentabilidade da utilização de óleo vegetal como combustível depende das práticas de abastecimento, da gestão das culturas e da potencial utilização de óleos usados e subprodutos. Garantir um fornecimento consistente e sustentável de matérias-primas é crucial para a viabilidade a longo prazo dos combustíveis à base de óleos vegetais.

Desafios da infraestrutura e do armazenamento

A infraestrutura de manuseamento, armazenamento e distribuição de combustíveis à base de óleo vegetal é frequentemente menos desenvolvida do que a do gasóleo convencional. Este facto pode colocar desafios logísticos, particularmente em regiões onde não existem infra-estruturas para apoiar a utilização de combustíveis alternativos. O óleo vegetal e o biodiesel exigem condições de armazenamento específicas para evitar a degradação e manter a qualidade do combustível. Além disso, a criação de redes de distribuição e de estações de abastecimento de combustíveis à base de óleo vegetal implica um investimento e um planeamento adicionais.

Durabilidade do motor e efeitos a longo prazo

A utilização prolongada de óleo vegetal ou biodiesel pode afetar a durabilidade e o desempenho do motor ao longo do tempo. Problemas como o desgaste dos injectores, a corrosão do sistema de combustível e alterações na lubrificação do motor podem resultar das propriedades químicas dos combustíveis à base de óleo vegetal. A monitorização e a manutenção regulares são necessárias para resolver estes problemas potenciais e garantir o funcionamento fiável dos motores que utilizam combustíveis à base de óleos vegetais. Os efeitos a longo prazo sobre a durabilidade e o desempenho do motor têm de ser estudados e geridos exaustivamente para promover a adoção generalizada do óleo vegetal como combustível.

Em conclusão, embora o óleo vegetal constitua uma opção de combustível alternativo atractiva devido à sua natureza renovável e aos seus potenciais benefícios ambientais, é necessário enfrentar vários desafios significativos para o tornar uma escolha viável e prática para os motores de combustão interna. Estes desafios incluem a elevada viscosidade, problemas de desempenho em tempo frio, depósitos no motor, menor densidade energética, problemas de compatibilidade, compromissos em matéria de emissões, custos de processamento do combustível, disponibilidade de matérias-primas, limitações de infra-estruturas e preocupações com a durabilidade do motor. A investigação contínua, os avanços tecnológicos e a gestão estratégica são essenciais para ultrapassar estes obstáculos e concretizar todo o potencial do óleo vegetal como combustível alternativo.

1.6 PROCESSO DE TRANSESTERIFICAÇÃO

No presente trabalho, o éster metílico do óleo de semente de algodão é produzido pelo processo de transesterificação. O peso molecular do óleo de semente de algodão é de 803 gm/mole. Cada quilograma de óleo de semente de algodão requer 240 gramas de metanol (razão molar 6:1 para o óleo). Um diagrama de blocos que ilustra o processo de produção de biodiesel é apresentado na Fig. 1.1

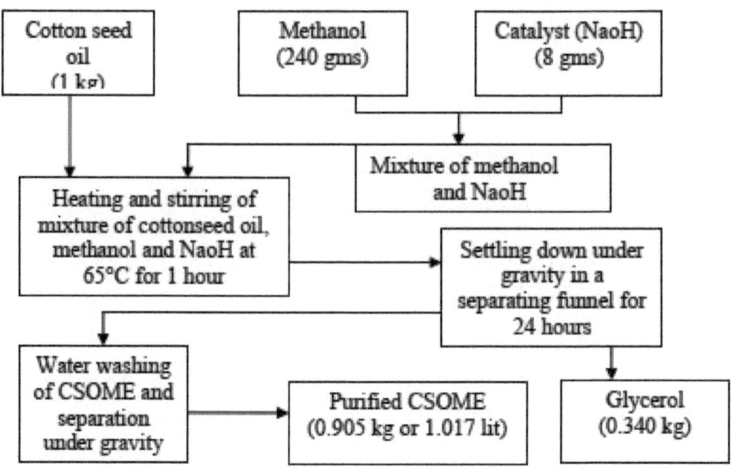

Fig:1.1 O processo de produção de ésteres metílicos de óleo de semente de algodão

Para a transesterificação em laboratório, 1 kg de óleo de semente de algodão foi colocado num balão de fundo redondo; 8 g de NaOH foram dissolvidos em 240 g de metanol num recipiente separado, que foi vertido no balão de fundo redondo enquanto se agitava a mistura continuamente utilizando um mecanismo de agitação constante. A mistura foi agitada e mantida a 65°C durante 1 hora e depois deixada assentar por gravidade numa ampola de decantação. O éster formou a camada superior na ampola de decantação e o glicerol formou a camada inferior. Cerca de 0,340 kg de glicerol foram separados de uma mistura. O éster separado foi misturado duas vezes com 0,25 kg de água quente e deixado a repousar sob gravidade durante 24 horas. O catalisador dissolveu-se na água, que forma a camada inferior, e foi separado. A humidade foi removida deste éster utilizando cristais de gel de sílica. No final, obteve-se cerca de 0,905 kg de éster purificado. O tempo necessário para a produção de biodiesel foi de cerca de 48 horas. O éster metílico purificado do óleo de semente de algodão foi então misturado com óleo diesel de petróleo em várias concentrações para preparar misturas de biodiesel a utilizar em motores de ignição por compressão para a realização de experiências. As propriedades e o perfil de ácidos gordos do óleo de semente de algodão estão listados na Tabela 1.1 e na Tabela 1.2, respetivamente.

Tabela:1.1 Propriedades do óleo de semente de algodão

Imóveis	Gasóleo	Óleo de semente de algodão
Gravidade específica	0.840	0.915
Viscosidade a 26° c (mm^2 /s)	3.20	34.89
Poder calorífico líquido (MJ/kg)	42.52	39.47
Densidade kg/m3	840	915
Ponto de inflamação (°c)	57	234
Ponto de inflamação (°c)	65	246

Tabela:1.2 Perfil de ácidos gordos do óleo de semente de algodão

Ácidos gordos	Fórmula química	Peso %	Estrutura
Esteárico	$C_{18}H_{36}O_2$	2.15	18:0
Oleico	$C_{19}H_{34}O_2$	24.70	18:1
Linoleico	$C_{18}H_{30}O_2$	49.70	18:2
palmítico	$C_{16}H_{32}O_2$	22.90	16:0
Mirístico	$C_{14}H_{28}O_2$	0.44	14:0
Aracídico	$C_{17}H_{34}O_2$	0.11	17:0

A partir da Tabela 1.2, verifica-se que o perfil de ácidos gordos do óleo de semente de algodão tem o valor mais elevado de linoleico.

CAPÍTULO 2

PESQUISA BIBLIOGRÁFICA

He. Y et al (2004) estudaram o óleo de semente de algodão como substituto parcial do óleo diesel no combustível para motores diesel de um cilindro. As experiências foram realizadas com o objetivo de aumentar a eficiência térmica da mistura de óleo composto por óleo de semente de algodão e óleo diesel convencional e de melhorar o desempenho do motor alimentado pela mistura. Os resultados experimentais obtidos mostraram que uma proporção de mistura de 30% de óleo de semente de algodão e 70% de óleo diesel era praticamente óptima para garantir uma eficiência térmica relativamente elevada do motor, bem como a homogeneidade e a estabilidade da mistura de óleos.

Huseyin Serdar Yucesu et al (2005) estudaram o efeito do éster metílico do óleo de semente de algodão no desempenho e nas emissões de escape do motor a gasóleo. No seu estudo, o éster metílico de sementes de algodão foi utilizado num motor diesel a quatro tempos, monocilíndrico e arrefecido a ar como combustível alternativo. Os ensaios de motor efectuados a plena carga e com diferentes gamas de velocidade mostraram que a potência do éster metílico de óleo de semente de algodão era inferior à do combustível para motores diesel em cerca de 8-10%. As emissões de CO_2, CO e NO_X do éster metílico do óleo de semente de algodão foram inferiores às do gasóleo.

Amba Prasad Rao .et al (2003) investigaram o efeito da sobrealimentação no desempenho do motor diesel DI com óleo de semente de algodão. Observa-se que, quando se utiliza óleo de semente de algodão como combustível, há uma redução do BSFC de cerca de 15% quando o motor funciona com o IP recomendado e uma pressão de sobrealimentação de 0,4 bar em comparação com o funcionamento do motor em condições naturais. Mesmo em condições de funcionamento sobrealimentado, não se observa qualquer melhoria no desempenho do motor com o aumento do IP. A sobrealimentação é essencial quando se pretende adotar óleos vegetais não tratados para desenvolver a potência com um baixo consumo específico de combustível em comparação com o funcionamento a gasóleo. A redução percentual da densidade dos

19

fumos é maior à medida que a pressão de sobrealimentação é aumentada e o desempenho do motor com óleos vegetais não tratados pode ser considerado como uma operação ecológica.

Babu et al (2003) estudaram os óleos vegetais e os seus derivados como combustíveis para motores de ignição por compressão. Foi discutida a utilização de óleo vegetal puro, biodiesel e suas misturas em motores diesel. São destacadas as caraterísticas de desempenho e de emissões. Este documento concluiu que, em comparação com o gasóleo, todos os óleos vegetais são muito mais viscosos, são muito mais reactivos ao oxigénio e têm temperaturas mais elevadas no ponto de nuvem e no ponto de fluidez. O motor diesel com óleos vegetais oferece um desempenho e emissões aceitáveis para operações a curto prazo. As operações a longo prazo resultam em problemas de funcionamento e durabilidade. Uma mistura de 25% de gasóleo e 75% de óleos vegetais oferece um melhor desempenho do motor e menores emissões e acumulações de depósitos de carbono. Em comparação com o gasóleo, os óleos vegetais e os seus ésteres proporcionam menos ruído no motor e menos fumo, hidrocarbonetos, monóxido de carbono, NO ligeiramente mais elevado$_x$ e maior eficiência térmica. O processo de transesterificação utilizado para produzir biodiesel é simples e económico para resolver o problema da viscosidade dos óleos vegetais. Independentemente de todas as dificuldades mencionadas na revisão, os óleos vegetais podem revelar-se uma opção alternativa como combustível para motores diesel no mundo no futuro, uma vez que são fontes renováveis. Isto indica que o biodiesel tem uma combustão mais rápida e um período de expansão mais longo.

Ikwuagwu. et al (1999) investigaram as propriedades do éster metílico do óleo de semente de borracha. O óleo em bruto foi branqueado e o éster metílico foi preparado por transesterificação com um excesso de 6 molares de metanol, utilizando 1% de hidróxido de sódio como catalisador. A análise das propriedades do éster metílico em comparação com o gasóleo comercial mostrou que a transmetilação melhorou as propriedades de combustível do óleo. A viscosidade foi substancialmente reduzida de 37,85 para 6,29 cSt. O índice de cetano calculado aumentou de 34 para 44,81 e outras propriedades do combustível também foram melhoradas. Os resultados apoiam a escolha do monoéster, em vez do óleo de semente de borracha simples, como tendo melhor potencial para utilização como combustível diesel alternativo.

Prasad et al (1992) investigaram o combustível biodiesel, éster metílico do óleo de jatropha curcas, num motor diesel. Foi comunicada a influência da utilização de óleo no BSFC, na temperatura dos gases de escape, NO_X e nos fumos. A utilização de biodiesel mostrou um desempenho razoavelmente bom e a utilização de 100% de óleo de pinhão-manso esterificado reduziu os níveis de NO_X e aumentou os fumos, mantendo praticamente o mesmo BSFC em comparação com o funcionamento com 100% de gasóleo.

Ramadhas et al (2004) investigaram a utilização de uma mistura de óleo de semente de borracha bruto e gasóleo num motor diesel D.I. A experiência foi realizada utilizando uma mistura de óleo de semente de borracha e gasóleo na proporção de 80%/20%, 60%/40%, 40%/60%, 20%/80% em volume com pré-aquecimento. Para todos os combustíveis, o consumo específico de combustível diminui com o aumento da carga. A mistura que contém 20-40% de óleo de semente de borracha teve um desempenho muito semelhante ao do gasóleo. Com o aumento da potência de travagem, a eficiência térmica de travagem das misturas aumentou. No caso da mistura 80:20 (óleo de semente de borracha: gasóleo), observou-se a maior eficiência térmica. Verificou-se um aumento da temperatura de escape com o aumento da potência de travagem, independentemente da proporção da mistura. As misturas na gama de 60-80% de óleo de semente de borracha resultaram numa temperatura dos gases de escape ligeiramente inferior à do gasóleo. O valor mais elevado de fumo observado foi de 52%, com gasóleo, enquanto o valor correspondente com óleo de semente de borracha foi de apenas 46%. O fumo obtido com misturas 60:40 foi muito semelhante ao do gasóleo.

Mustafa Canakci et al (2007) estudaram as caraterísticas de combustão de um motor turboalimentado de ignição por compressão DI alimentado com gasóleo de petróleo e biodiesel. Neste estudo, foram comparadas as caraterísticas de combustão, desempenho e emissões do motor alimentado com biodiesel de óleo de soja e gasóleo. Os resultados experimentais mostraram que todos os testes apresentaram eficiências térmicas quase idênticas. O BSFC do B100 foi superior ao do gasóleo. O maior consumo de combustível reflecte o seu menor conteúdo energético. O B100 produziu reduções significativas nas emissões de CO, HC e fumo em comparação com o gasóleo. Quando o motor foi abastecido com B100, a temperatura dos gases de escape foi inferior à do gasóleo.

Martin Mittelbach et al (1995) estudaram o combustível para motores diesel derivado de óleos vegetais. Foram apresentados e discutidos os parâmetros mais importantes para as qualidades do biodiesel, a correlação entre parâmetros específicos, bem como métodos analíticos adequados. Concluíram que, como a produção e a utilização de biodiesel estão a aumentar em diferentes países de todo o mundo, é necessário estabelecer normas que definam uma qualidade que garanta o funcionamento a longo prazo de um motor diesel sem quaisquer dificuldades. Sobretudo quando se utilizam diferentes óleos e gorduras, incluindo óleos alimentares usados ou gorduras animais para a produção de biodiesel, é necessário cumprir normas específicas.

Royon et al (2007) estudaram a produção enzimática de biodiesel a partir de óleo de semente de algodão utilizando t-butanol como solvente, tendo sido determinado o efeito do t-butanol, da concentração de metanol e da temperatura neste sistema. Foi observado um rendimento de metanólise de 97% após 24h a 50°C com uma mistura de reação contendo 32,5% de t-butanol, 13,5% de metanol, 54% de óleo e 0,017g de enzima. Com a mesma mistura, foi obtido um rendimento de éster de 95% utilizando um reator contínuo de leito fixo de um passo com um caudal de 9,6 ml/h. Concluíram que a utilização de t-butanol como solvente na produção enzimática de biodiesel a partir de óleo de semente de algodão tem vantagens.

Oznur Kose et al (2002) estudaram a alcolise de óleo de semente de algodão catalisada por lipase de candida antartica imobilizada num meio sem solvente. A alcolise (transesterificação) do óleo de semente de algodão refinado com o álcool primário e secundário foi investigada na presença de uma enzima imobilizada comercialmente chamada novozym 435 num meio sem solvente. Concluíram que o teor de ésteres metílicos aumentou com o aumento da quantidade de lipase até 30%. Também se verificou que o teor de ácidos gordos livres (AGL) aumentou com o aumento da quantidade de enzima. A maior formação de ésteres metílicos (83,6%) foi observada com a reação utilizando 30% de lipase com base no peso do óleo.

Ramadhas et al (2004) investigaram a utilização de óleos vegetais em motores de combustão interna. Este documento faz uma revisão exaustiva dos métodos utilizados para produzir biodiesel, investigação experimental em diferentes óleos, caraterização, méritos, deméritos e desafios enfrentados pelo biodiesel. Concluíram que a eficiência térmica era comparável à do gasóleo com uma pequena perda de potência quando se utilizavam óleos vegetais. As emissões de partículas dos óleos vegetais são mais elevadas do que as do biodiesel, com uma redução do NO_x. Os ésteres metílicos de óleos vegetais apresentaram caraterísticas de desempenho e de emissões comparáveis às do gasóleo. Por conseguinte, podem ser considerados como substitutos do gasóleo. O óleo vegetal bruto pode ser utilizado como combustível em motores diesel com algumas pequenas modificações. A utilização de óleos vegetais como combustíveis para motores de combustão interna pode desempenhar um papel vital para ajudar o mundo desenvolvido a reduzir o impacto ambiental dos combustíveis fósseis.

CAPÍTULO 3

MONTAGEM EXPERIMENTAL

O desempenho de 100% COME será estudado em comparação com o gasóleo. As experiências devem ser realizadas num motor diesel Kirloskar, monocilíndrico, a quatro tempos, de velocidade constante, vertical, refrigerado a ar e de injeção direta. A configuração experimental é mostrada na Fig: 3.1

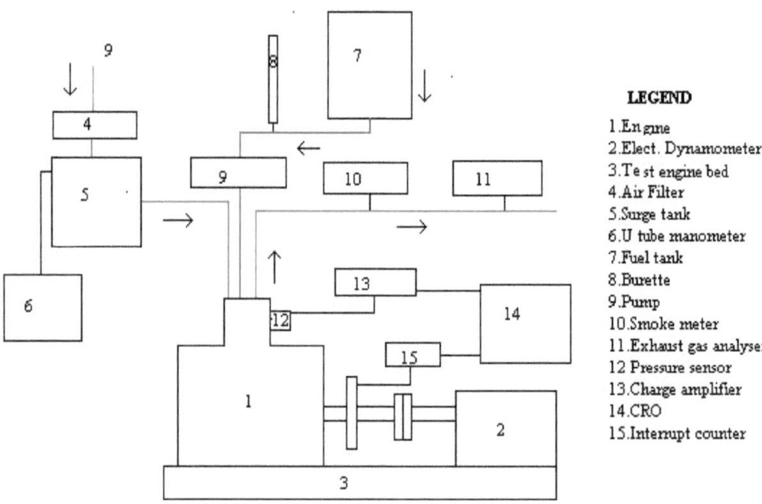

Fig 3.1: Instalação experimental

CONSUMO ESPECÍFICO DE ENERGIA

CASO 1

Para uma carga completa de 10cc, o tempo de consumo de combustível é de 22,16 segundos

$$TFC = (10/22,16)*10^{-6}*820 = 3,70*10^{-4} \text{ kg/s}$$

SFC = TFC/B.P

$$= 3{,}70*10^{-4} /4{,}4$$

$$= 8{,}40*10^{-5} \text{ kg/kW-s}$$

$$= 0{,}3027 \text{ kg/kW-h}$$

SEC(gasóleo) = SFC*Valor calorífico(gasóleo)

$$= 0{,}3027*42000 = 3{,}5315J = 12715{,}78 \text{ kJ/kW-h}$$

CASO 11

Tomar quantidades de 20%, 40%, 60%, 80% para a mistura

20% de mistura a plena carga = (20/100)*0,3027

$$= 0{,}06054 \text{ kg/kW-h}$$

40% de mistura a plena carga = (40/100)*0,3027

$$= 0{,}1210 \text{ kg/kW-h}$$

60% de mistura a plena carga = (60/100)*0,3027

$$= 0{,}1816 \text{ kg/kW-h}$$

80% de mistura a plena carga = (80/100)*0,3027

$$= 0{,}2421 \text{ kg/kW-h}$$

DETERMINAÇÃO DO CONSUMO ESPECÍFICO DE ENERGIA DO CSOME

Total SEC = [SEC (Gasóleo) +SEC (CSOME)]

AT 20%   = $[0,7063+(x*40000)]$

SEC(CSOME) = 10168 kg/kW-h

SEC(gasóleo) = 2542,68 kg/kW-h

AT40% = $[1,412+(x*40000)]$

SEC(CSOME) = 7627,68 kg/kW-h

SEC(Diesel) = 5085,36 kg/kW-h

AT60% = $[2,118+(x*40000)]$

SEC(CSOME) = 5088 kg/kW-h

SEC(gasóleo) = 7624,80 kg/kW-h

AT80% = $[2,824+(x*40000)]$

SEC(CSOME) = 2547 kg/kW-h

SEC(gasóleo) = 10166,40 kg/kW-h

DISTRIBUIÇÃO DE ENERGIA

Quota de energia a 60% de mistura

$$SEC\ (Diesel) = SEC\ a\ 60\%/total\ SEC$$

$$= 7624.80/12715.78$$

$$= 60\%$$

$$SEC\ (CSOME) = 5088/12715.78$$

$$= 40\%$$

Quota de energia a 80% de mistura

$$SEC\ (Diesel) = SEC\ a\ 20\%/total\ SEC$$

$$= 10166.40/12715.78$$

$$= 80\%$$

$$SEC\ (CSOME) = 2547/12715.78$$

$$= 20\%$$

Quota de energia a 20% de mistura

$$SEC\ (Diesel) = SEC\ a\ 20\%/total\ SEC$$

$$= 2542.68/12715.78$$

$$= 20\%$$

SEC (CSOME) = 10168/12715.78

$$= 80\%$$

Quota de energia a 40% de mistura

SEC (Diesel) = SEC a 40%/total SEC

$$= 5085.36/12715.78$$

$$= 40\%$$

SEC (CSOME) = 7627.68/12715.78

$$= 60\%$$

$$= 20\%$$

CAPÍTULO 4

RESULTADOS E DEBATES

O desempenho do motor e os parâmetros de emissão do motor com gasóleo e B20 são avaliados e discutidos a seguir.

4.1 CONSUMO ESPECÍFICO DE COMBUSTÍVEL NA TRAVAGEM

A Fig. 6.1 mostra as variações da BSFC com a potência de travagem para o diesel puro e para o biodiesel, mostrando que houve um aumento da BSFC para o biodiesel. Este facto deve-se ao baixo poder calorífico do biodiesel.

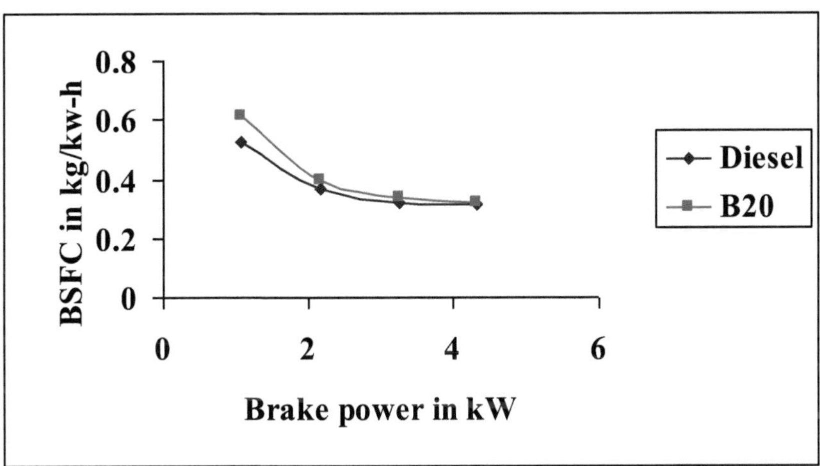

4.2 CONSUMO ESPECÍFICO DE ENERGIA

A Fig. 6.2 mostra as variações do SEC com o BP para o gasóleo puro e para o biodiesel, observando-se que o SEC é mais próximo para o biodiesel do que para o gasóleo.

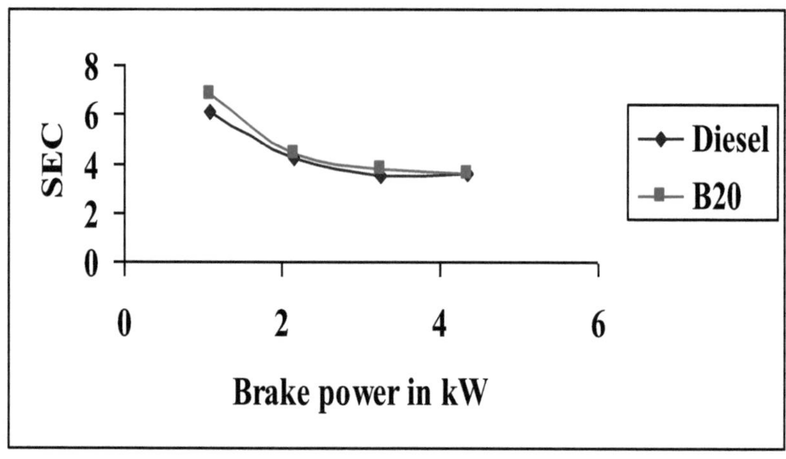

4.3 EFICIÊNCIA TÉRMICA DOS TRAVÕES

A Fig. 6.3 mostra a variação da eficiência térmica do travão com a potência de travagem para o gasóleo puro e o biodiesel. Observa-se que a eficiência térmica do biodiesel diminuiu ligeiramente em comparação com a do gasóleo devido ao menor poder calorífico e ao SFC elevado.

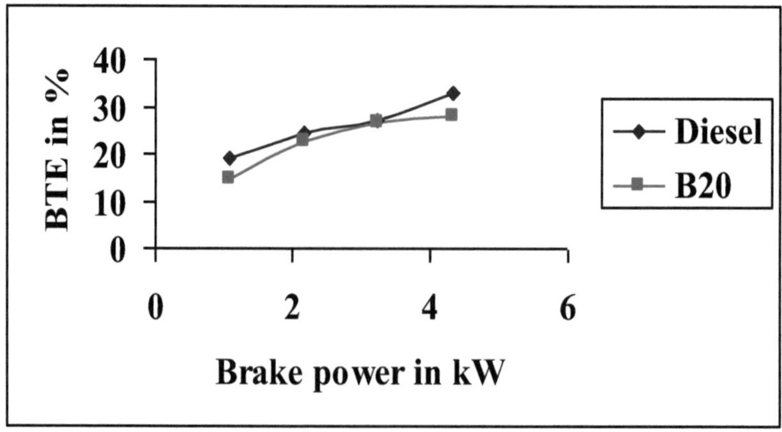

4.4 MONÓXIDO DE CARBONO

A Fig. 6.4 mostra a variação do monóxido de carbono com a potência de travagem para o gasóleo puro e o biodiesel. Verifica-se que a emissão de monóxido de carbono do biodiesel é ligeiramente inferior à do gasóleo

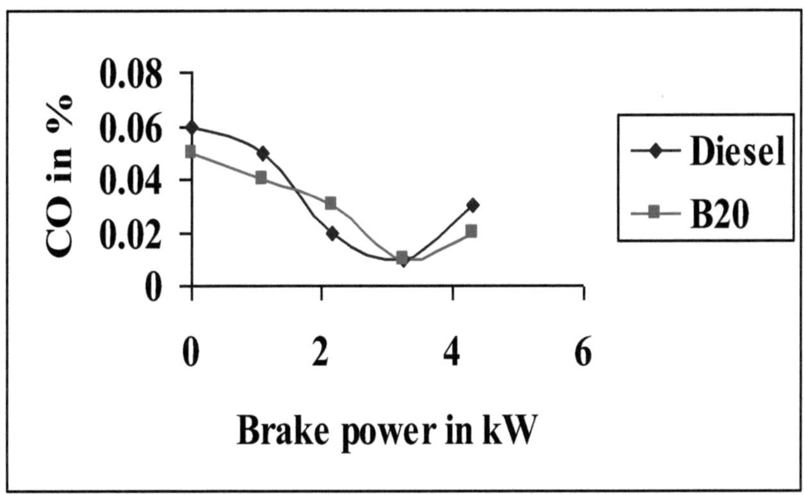

4.5 CONCENTRAÇÃO DE NOx

A Fig. 6.5 mostra as variações da concentração de NOx com a potência de travagem para o gasóleo puro e o biodiesel. Isto deve-se ao facto de o número de cetano do biodiesel ser mais elevado.

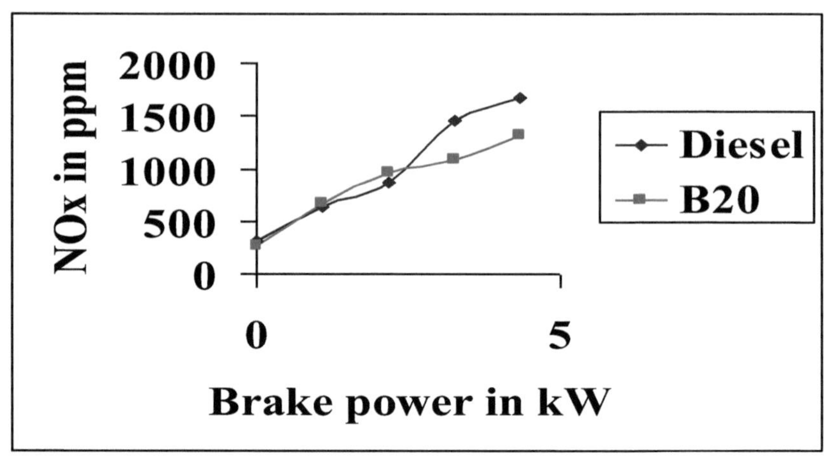

4.6 HIDROCARBONETOS

A Fig. 6.6 mostra a variação de hidrocarbonetos com a potência de travagem para o gasóleo puro e para o biodiesel, observando-se que as emissões de hidrocarbonetos do biodiesel são ligeiramente superiores às do gasóleo.

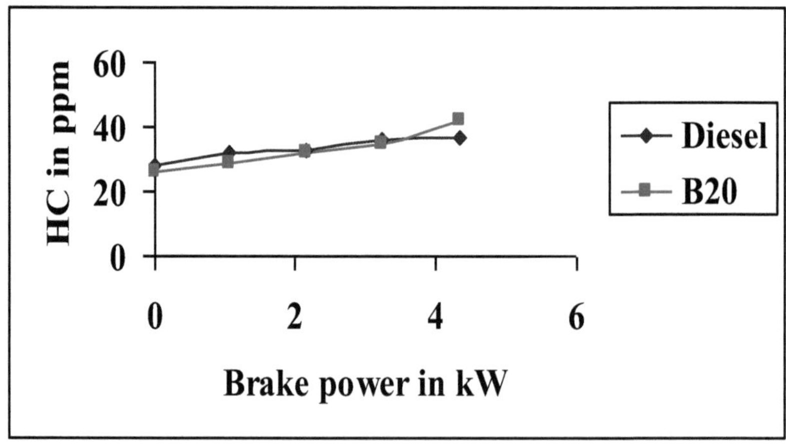

A Fig. 6.7 mostra a variação da temperatura dos gases de escape com a potência de travagem para o gasóleo puro e o biodiesel.

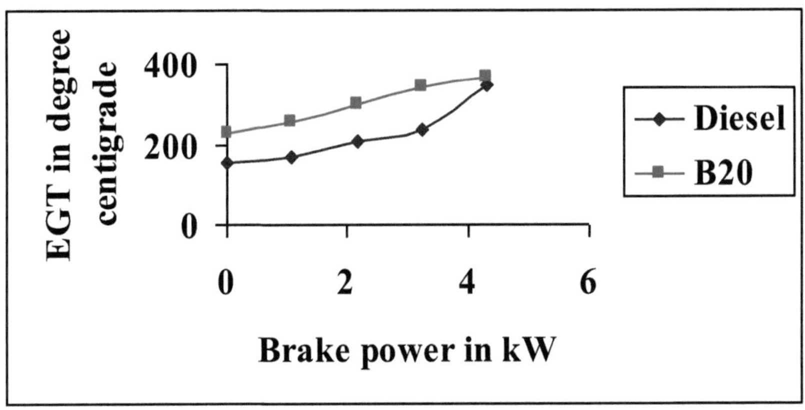

CONSUMO ESPECÍFICO DE ENERGIA
<u>CASO 1</u>

Para uma carga completa de 10cc, o tempo de consumo de combustível é de 22,16 segundos

TFC = $(10/22,16)*10^{-6}*820 = 3,70*10^{-4}$ kg/s

SFC = TFC/B.P

$$= 3,70*10^{-4}/4,4$$

$$= 8,40*10^{-5} \text{ kg/kW-s}$$

$$= 0,3027 \text{ kg/kW-h}$$

SEC(gasóleo) = SFC*Valor calorífico(gasóleo)

$$= 0{,}3027*42000 = 3{,}5315J = 12715{,}78 \text{ kJ/kW-h}$$

CASO 11

Tomar quantidades de 20%, 40%, 60%, 80% para a mistura

20% de mistura a plena carga = (20/100)*0,3027

$$= 0{,}06054 \text{ kg/kW-h}$$

40% de mistura a plena carga = (40/100)*0,3027

$$= 0{,}1210 \text{ kg/kW-h}$$

60% de mistura a plena carga = (60/100)*0,3027

$$= 0{,}1816 \text{ kg/kW-h}$$

80% de mistura a plena carga = (80/100)*0,3027

$$= 0{,}2421 \text{ kg/kW-h}$$

DETERMINAÇÃO DO CONSUMO ESPECÍFICO DE ENERGIA DO CSOME

Total SEC = [SEC (Gasóleo) +SEC (CSOME)]

AT 20% = [0,7063+(x*40000)]

SEC(CSOME) = 10168 kg/kW-h

SEC(gasóleo) = 2542,68 kg/kW-h

AT40% = [1,412+(x*40000)]

SEC(CSOME) = 7627,68 kg/kW-h

SEC(Diesel) = 5085,36 kg/kW-h

AT60% = [2,118+(x*40000)]

SEC(CSOME) = 5088 kg/kW-h

SEC(gasóleo) = 7624,80 kg/kW-h

AT80% = [2,824+(x*40000)]

SEC(CSOME) = 2547 kg/kW-h

SEC(gasóleo) = 10166,40 kg/kW-h

DISTRIBUIÇÃO DE ENERGIA

Quota de energia a 60% de mistura

$$\text{SEC (Diesel)} = \text{SEC a } 60\%/\text{total SEC}$$

$$= 7624.80/12715.78$$

$$= 60\%$$

$$\text{SEC (CSOME)} = 5088/12715.78$$

$$= 40\%$$

Quota de energia a 80% de mistura

$$\text{SEC (Diesel)} = \text{SEC a } 20\%/\text{total SEC}$$

$$= 10166.40/12715.78$$

$$= 80\%$$

SEC (CSOME) = 2547/12715.78

$$= 20\%$$

Quota de energia a 20% de mistura

SEC (Diesel) = SEC a 20%/total SEC

$$= 2542.68/12715.78$$

$$= 20\%$$

SEC (CSOME) = 10168/12715.78

$$= 80\%$$

Quota de energia a 40% de mistura

SEC (Diesel) = SEC a 40%/total SEC

$$= 5085.36/12715.78$$

$$= 40\%$$

SEC (CSOME) = 7627.68/12715.78

$$= 60\%$$

$$= 20\%$$

CAPÍTULO 5

CONCLUSÕES

O objetivo do trabalho de projeto é avaliar a combustão, o desempenho e a análise das emissões de um motor diesel monocilíndrico DI com várias proporções de éster metílico de óleo de semente de algodão no óleo diesel.

Inicialmente, o motor deve funcionar com gasóleo e éster metílico de óleo de semente de algodão separadamente, altura em que serão avaliadas as caraterísticas de combustão, desempenho e emissões. Do mesmo modo, o motor é posto a funcionar com várias proporções de éster metílico de óleo de semente de algodão em óleo diesel. Finalmente, as caraterísticas obtidas para as várias misturas de éster metílico de óleo de semente de algodão com gasóleo serão comparadas com as caraterísticas obtidas para o funcionamento com gasóleo de base.

ESPECIFICAÇÃO DO MOTOR DE ENSAIO

Fazer	Kirloskar TAF
N.º de cilindros	Cilindro único
Acidente vascular cerebral	4 Curso
Tipo de arrefecimento	Refrigerado a ar
Ignição	Ignição por compressão
Abastecimento de combustível	Gasóleo
Furo	87,5 mm
Acidente vascular cerebral	110 mm
Taxa de compressão	17.5:1
Velocidade	1500 rpm
Potência de travagem	4,4 KW

APÊNDICE-II

ESPECIFICAÇÕES TÉCNICAS DO MEDIDOR DE FUMO DA BOSCH

Tipo e marca	TI diesel tune, 114-smoke density tester TI transservi
Deslocação do pistão	330 cc
Tempo de estabilização	2 minutos
Gama	0 - 10 Número de fumos Bosch
Período mínimo de tempo	30 segundos
Leitura calibrada	5.0 + 0.2

ESPECIFICAÇÃO DO ANALISADOR DE GASES DE ESCAPE

Poluente	Instrumento	Tipo	Princípio de funcionamento	Gama
CO	QROTECH	QRO- 401	NDIR	0.00- 9.99 %
HC	QROTECH	QRO- 401	NDIR	0 -9999 ppm
CO2	QROTECH	QRO- 401	NDIR	0 - 20.0 %
O_2	QROTECH	QRO- 401	Método eletroquímico	0.00- 25.0 %
NÃO$_X$	QROTECH	QRO- 401	Método eletroquímico	

REFERÊNCIAS

1. Y.He e Y.D Bao, "Estudo sobre o óleo de semente de algodão como substituto parcial do gasóleo no combustível para motores diesel de um cilindro". Universidade de Zhejiang, China 2004.

2. Huseyin Serdar Yucesu e Cumaliilkilic "Effect of Cotton Seed Oil Methyl Ester on the Performance and Exhaust Emission of a Diesel Engine" Universidade de Gazi, Turquia 2005.

3. G. Amba Prasad Rao, P. Rama Mohan "Effect of supercharging on the Performance of a DI diesel engine with Cotton Seed Oil" .Energy conversion and management ,44:937-944,2003.

4. A.K. Babu e G. Devaradjane, "Vegeteble oils and their derivatives as fuels for CI Engines" SAE 2003-01-0767

5. D.Royon,M. Daz, G. Ellenrieder e S. Locatelli, "Enzymatic production of biodiesel from cotton seed oil using t-butanol as a solvent" Bioresource technology 98(2007)648-653.

6. Mustafa Canakci, "Combustion characteristics of a turbocharged DI compression ignition engine fueled with petroleum diesel fuels and biodiesel" Bioresource technology 98(2007)1167-1175.

7. A.S. Ramadhas,C. Muraleedharan,S. Jayaraj, "Performance and emission evaluation of a diesel engine fueled with methyl esters of rubber seed oil" Renewable energy 30(2005)1789-1800.

8. A.S.Ramadhas,C.Muraleedharan,S.Jayaraj, "Use of vegetable oils as I.C. engine fuels-A review" Renewable energy 29(2004)727-742.

9. Ya-Fenlin,Yo-Ping Grewu,Chang-Tang Chang, "Combustion characteristics of waste-oil produced biodiesel/diesel fuel blends" Fuel 86(2007)1772-1780.

10. A.S.Ramadhas, S.Jayaraj, C.Muraleedharan, "Theoretical modeling and experimental studies on biodiesel-fueled engine" Renewable energy 31(2006)1813-1826.

11 Martin Mittelbach, "Gasóleo derivado de óleos vegetais   Especificações   e controlo de qualidade do biodiesel"   Bioresource technology 56(1996)7-11.

ÍNDICE DE CONTEÚDOS

Printed by Books on Demand GmbH, Norderstedt / Germany